T/CAGHP 022—2018

目　次

前言 ⋯⋯ Ⅲ
引言 ⋯⋯ Ⅴ
1 范围 ⋯⋯ 1
2 规范性引用文件 ⋯⋯⋯⋯⋯⋯⋯⋯⋯⋯⋯⋯⋯⋯⋯⋯⋯⋯⋯⋯⋯⋯⋯⋯⋯⋯⋯⋯⋯⋯⋯⋯⋯⋯⋯⋯⋯⋯⋯ 1
3 术语与定义 ⋯⋯ 1
4 总则 ⋯⋯ 3
　　4.1 应急防治目标 ⋯⋯⋯⋯⋯⋯⋯⋯⋯⋯⋯⋯⋯⋯⋯⋯⋯⋯⋯⋯⋯⋯⋯⋯⋯⋯⋯⋯⋯⋯⋯⋯⋯⋯⋯ 3
　　4.2 应急防治原则 ⋯⋯⋯⋯⋯⋯⋯⋯⋯⋯⋯⋯⋯⋯⋯⋯⋯⋯⋯⋯⋯⋯⋯⋯⋯⋯⋯⋯⋯⋯⋯⋯⋯⋯⋯ 3
　　4.3 应急防治内容 ⋯⋯⋯⋯⋯⋯⋯⋯⋯⋯⋯⋯⋯⋯⋯⋯⋯⋯⋯⋯⋯⋯⋯⋯⋯⋯⋯⋯⋯⋯⋯⋯⋯⋯⋯ 3
　　4.4 应急防治流程 ⋯⋯⋯⋯⋯⋯⋯⋯⋯⋯⋯⋯⋯⋯⋯⋯⋯⋯⋯⋯⋯⋯⋯⋯⋯⋯⋯⋯⋯⋯⋯⋯⋯⋯⋯ 3
　　4.5 应急防治准备 ⋯⋯⋯⋯⋯⋯⋯⋯⋯⋯⋯⋯⋯⋯⋯⋯⋯⋯⋯⋯⋯⋯⋯⋯⋯⋯⋯⋯⋯⋯⋯⋯⋯⋯⋯ 4
5 一般规定 ⋯⋯ 4
　　5.1 应急响应启动 ⋯⋯⋯⋯⋯⋯⋯⋯⋯⋯⋯⋯⋯⋯⋯⋯⋯⋯⋯⋯⋯⋯⋯⋯⋯⋯⋯⋯⋯⋯⋯⋯⋯⋯⋯ 4
　　5.2 应急调查评估 ⋯⋯⋯⋯⋯⋯⋯⋯⋯⋯⋯⋯⋯⋯⋯⋯⋯⋯⋯⋯⋯⋯⋯⋯⋯⋯⋯⋯⋯⋯⋯⋯⋯⋯⋯ 4
　　5.3 应急监测预警 ⋯⋯⋯⋯⋯⋯⋯⋯⋯⋯⋯⋯⋯⋯⋯⋯⋯⋯⋯⋯⋯⋯⋯⋯⋯⋯⋯⋯⋯⋯⋯⋯⋯⋯⋯ 5
　　5.4 应急避险防范 ⋯⋯⋯⋯⋯⋯⋯⋯⋯⋯⋯⋯⋯⋯⋯⋯⋯⋯⋯⋯⋯⋯⋯⋯⋯⋯⋯⋯⋯⋯⋯⋯⋯⋯⋯ 5
　　5.5 应急治理工程 ⋯⋯⋯⋯⋯⋯⋯⋯⋯⋯⋯⋯⋯⋯⋯⋯⋯⋯⋯⋯⋯⋯⋯⋯⋯⋯⋯⋯⋯⋯⋯⋯⋯⋯⋯ 6
　　5.6 成因分析论证 ⋯⋯⋯⋯⋯⋯⋯⋯⋯⋯⋯⋯⋯⋯⋯⋯⋯⋯⋯⋯⋯⋯⋯⋯⋯⋯⋯⋯⋯⋯⋯⋯⋯⋯⋯ 6
　　5.7 应急响应结束 ⋯⋯⋯⋯⋯⋯⋯⋯⋯⋯⋯⋯⋯⋯⋯⋯⋯⋯⋯⋯⋯⋯⋯⋯⋯⋯⋯⋯⋯⋯⋯⋯⋯⋯⋯ 6
6 分类技术要求 ⋯⋯⋯⋯⋯⋯⋯⋯⋯⋯⋯⋯⋯⋯⋯⋯⋯⋯⋯⋯⋯⋯⋯⋯⋯⋯⋯⋯⋯⋯⋯⋯⋯⋯⋯⋯⋯⋯ 7
　　6.1 滑坡灾害 ⋯⋯⋯⋯⋯⋯⋯⋯⋯⋯⋯⋯⋯⋯⋯⋯⋯⋯⋯⋯⋯⋯⋯⋯⋯⋯⋯⋯⋯⋯⋯⋯⋯⋯⋯⋯⋯ 7
　　6.2 崩塌灾害 ⋯⋯⋯⋯⋯⋯⋯⋯⋯⋯⋯⋯⋯⋯⋯⋯⋯⋯⋯⋯⋯⋯⋯⋯⋯⋯⋯⋯⋯⋯⋯⋯⋯⋯⋯⋯⋯ 7
　　6.3 泥石流灾害 ⋯⋯⋯⋯⋯⋯⋯⋯⋯⋯⋯⋯⋯⋯⋯⋯⋯⋯⋯⋯⋯⋯⋯⋯⋯⋯⋯⋯⋯⋯⋯⋯⋯⋯⋯⋯ 8
　　6.4 地面塌陷灾害 ⋯⋯⋯⋯⋯⋯⋯⋯⋯⋯⋯⋯⋯⋯⋯⋯⋯⋯⋯⋯⋯⋯⋯⋯⋯⋯⋯⋯⋯⋯⋯⋯⋯⋯⋯ 8
7 应急防治总结评估 ⋯⋯⋯⋯⋯⋯⋯⋯⋯⋯⋯⋯⋯⋯⋯⋯⋯⋯⋯⋯⋯⋯⋯⋯⋯⋯⋯⋯⋯⋯⋯⋯⋯⋯⋯⋯ 9
　　7.1 应急防治工作总结评估 ⋯⋯⋯⋯⋯⋯⋯⋯⋯⋯⋯⋯⋯⋯⋯⋯⋯⋯⋯⋯⋯⋯⋯⋯⋯⋯⋯⋯⋯⋯⋯ 9
　　7.2 总结评估报告编制 ⋯⋯⋯⋯⋯⋯⋯⋯⋯⋯⋯⋯⋯⋯⋯⋯⋯⋯⋯⋯⋯⋯⋯⋯⋯⋯⋯⋯⋯⋯⋯⋯⋯ 9
　　7.3 现场工作资料归档 ⋯⋯⋯⋯⋯⋯⋯⋯⋯⋯⋯⋯⋯⋯⋯⋯⋯⋯⋯⋯⋯⋯⋯⋯⋯⋯⋯⋯⋯⋯⋯⋯⋯ 9
附录 A（规范性附录） 突发地质灾害应急响应等级划分标准 ⋯⋯⋯⋯⋯⋯⋯⋯⋯⋯⋯⋯⋯⋯⋯⋯ 10
附录 B（规范性附录） 突发地质灾害应急调查简表 ⋯⋯⋯⋯⋯⋯⋯⋯⋯⋯⋯⋯⋯⋯⋯⋯⋯⋯⋯⋯ 11
附录 C（资料性附录） 突发地质灾害运动特征分类表 ⋯⋯⋯⋯⋯⋯⋯⋯⋯⋯⋯⋯⋯⋯⋯⋯⋯⋯ 12
附录 D（资料性附录） 突发地质灾害危险区范围预测依据 ⋯⋯⋯⋯⋯⋯⋯⋯⋯⋯⋯⋯⋯⋯⋯⋯ 13
附录 E（规范性附录） 突发地质灾害应急调查报告 ⋯⋯⋯⋯⋯⋯⋯⋯⋯⋯⋯⋯⋯⋯⋯⋯⋯⋯⋯⋯ 14
附录 F（规范性附录） 突发地质灾害应急治理工程方案会商意见提纲 ⋯⋯⋯⋯⋯⋯⋯⋯⋯⋯⋯ 15
附录 G（规范性附录） 突发地质灾害应急治理工程设计文件 ⋯⋯⋯⋯⋯⋯⋯⋯⋯⋯⋯⋯⋯⋯⋯ 16

附录 H（规范性附录） 地质灾害应急防治总结评估报告提纲 …………………………………… 17
附录 I（规范性附录） 本标准用词说明 …………………………………………………… 18

前　言

本标准按照 GB/T 1.1—2009《标准化工作导则　第 1 部分：标准的结构和编写》给出的规则起草。

本标准附录 C、D 为资料性附录，附录 A、B、E、F、G、H、I 为规范性附录。

本标准由中国地质灾害防治工程行业协会提出并归口。

本标准主要起草单位：国土资源部地质灾害应急技术指导中心。

本标准主要起草人：陈红旗、胡杰、赵成、胥良、祁小博、王文沛、郭富赟、肖建兵、褚宏亮、张楠、徐永强、魏云杰、殷志强、吕杰堂、温铭生、张鸣之、王支农、李俊峰等。

本标准由中国地质灾害防治工程行业协会负责解释。

引 言

为引导突发地质灾害应急防治工作规范化，更好地为应急管理提供技术支撑与服务，依据《中华人民共和国突发事件应对法》（中华人民共和国主席令第 69 号）、《地质灾害防治条例》（国务院令第 394 号）、《国家突发地质灾害应急预案》（国办函〔2005〕37 号）和《国务院关于加强地质灾害防治工作的决定》（国发〔2011〕20 号）等法律、行政法规、标准规范，以及处置经验教训，制定本标准。

突发地质灾害应急防治导则(试行)

1 范围

本标准规定了突发地质灾害应急防治工作的术语、程序、内容、方法和质量等一般技术要求。
本标准适用于紧急应对大型、特大型突发地质灾害事件的防治行动。小型、中型可参照执行。
本标准不适用于区域性突发地质灾害应急防治。
本标准为突发地质灾害应急防治标准化的总纲。

2 规范性引用文件

下列文件对于本标准的应用是必不可少的。凡是注明日期的引用文件,仅所注日期的版本适用于本标准。凡是不注明日期的引用文件,以其最新版本(包括所有的修改单)适用于本标准。

国办函〔2005〕37号　国家突发地质灾害应急预案
GB/T 26376—2010　自然灾害管理基本术语
GB 50021—2009　岩土工程勘察规范
GB/T 32864—2016　滑坡防治工程勘查规范
GB 51044—2014　煤矿采空区岩土工程勘察规范
GB/T 8170　数值修约规则与极限数值的表示和判定
DZ/T 0261—2014　滑坡崩塌泥石流灾害详细调查规范
DZ/T 0221—2006　崩塌、滑坡、泥石流监测规范
DZ/T 0220—2006　泥石流防治工程勘查规范
DZ/T 0219—2006　滑坡防治工程设计与施工技术规范
DZ/T 0239—2004　泥石流灾害防治工程设计规范
DZ/T 0269—2014　地质灾害灾情统计
DZ/T 0284—2015　地质灾害排查规范
DZ/T 0286—2015　地质灾害危险性评估规范
SL 450—2009　堰塞湖风险等级划分标准
SL 451—2009　堰塞湖应急处置技术导则

3 术语与定义

下列术语和定义适用于本标准。

3.1
突发地质灾害事件 geological hazard/disaster event
突然出现的、较短时间内造成或者可能造成严重危害、需要紧急处理的地质灾害。

3.2
应急情景 emergency scenario
应急活动的状态及其可能的变化。

3.3
预警 early warning
突发地质灾害事件发生之前发出的警报。

3.4
应急准备 emergency preparedness
为应对突发地质灾害紧急情况而进行的准备工作。

3.5
应急响应 emergency response
旨在缓解或降低突发地质灾害危害所采取的非常规的紧急应对行动。

3.6
应急管理 emergency management
针对突发地质灾害事件紧急应对行动的组织管理活动。

3.7
应急预案 emergency plan
预先制订的突发地质灾害紧急应对行动计划。

3.8
应急演练 emergency drilling
模拟紧急应对突发地质灾害事件的活动。

3.9
应急处置 emergency handling
突发地质灾害事件紧急处理行动和措施。

3.10
应急防治 emergency control
紧急采取的非常规的突发地质灾害防治行动和措施。

3.11
临灾应急 geological hazard emergency
突发地质灾害险情应急响应与处置。

3.12
灾后应急 geological disaster emergency
突发地质灾害灾情应急响应与处置。

3.13
应急调查 emergency survey
在应急响应行动中,紧急开展的地质灾害调查与评价行动。

3.14
应急勘查 emergency investigation
在应急响应行动中,紧急开展的地质灾害勘查工作。

3.15

应急监测 emergency monitoring

在应急响应行动中,紧急开展的地质灾害监测与预警行动。

3.16

应急治理 emergency control engineering

紧急采取的非正常工作程序的地质灾害治理工程活动。

3.17

先期处置 early handling

早期采取的应急处置行动和措施。

3.18

应急案例 emergency case

一次或一组突发地质灾害事件及其应急处置资料和总结评估的汇集。

3.19

应急信息 emergency information

满足应急决策需要的反映突发地质灾害与应急情景的数据。

3.20

应急报告 emergency report

需紧急上报的说明应急信息的文件。

4 总则

4.1 应急防治目标

4.1.1 快速消除或减轻突发地质灾害危害,尽快恢复生产生活秩序。

4.1.2 查明灾害发生的经过和发生的原因,总结防治经验与教训,研判趋势,提出后续的防治建议。

4.1.3 其他突发事件应急处置提出的突发地质灾害应急防治协作需求。

4.2 应急防治原则

4.2.1 以人为本。安全有序开展应急防治行动,最大程度保护人员生命与财产安全。

4.2.2 准备优先。与灾害风险等级相适应,开展应急防治能力建设与应急资源储备。

4.2.3 分级分类。遵循分级响应程序(附录 A),采取与应急情景相适应的应急防治措施。

4.2.4 科学效能。所采取的应急防治措施应科学、合理、高效。

4.3 应急防治内容

4.3.1 事先制定地质灾害应急预案,开展应急防治科学研究,进行应急防治准备。

4.3.2 开展应急调查评价与应急监测预警,划定危险区,指导避险除险、搜救安置与应急治理。

4.3.3 还原灾害发生经过,调查灾害形成原因,总结应急防治经验和教训,指导恢复重建。

4.3.4 应急防治工作内容应与灾害类别、响应等级、风险变化、应急工况和应急能力等相适应。

4.4 应急防治流程

4.4.1 应急防治工作应与事前常态减灾工作相衔接,并与后续常态减灾工作相延续。

4.4.2 应急防治管理划分为事前准备、事中响应和事后恢复3个基本阶段。其中,响应阶段主要包括响应启动、应急调查、应急监测、避险防范、成因分析、应急治理和响应结束等技术环节。

4.5 应急防治准备

4.5.1 应急主体应按上一级预案的规定、依据地质灾害风险调查与应急能力评估,编制本级预案。

4.5.2 应急预案应明确预案适用情景,宜采取专家会商和演练相结合的方法,评估其目标明确性、结构完备性和功能有效性。当上级预案出现重大调整或本级预案适用条件出现重大变化,应及时修编。

4.5.3 应急防治准备应以应急预案为指导框架,并与地质灾害风险变化相适应。

4.5.4 分级遴选建立应急专家库。应急专家应具备相应的专业技能与工作经验,并了解相关的法律法规。依据资质等级许可范围及行业信用,遴选建立可承担应急防治工作的资质单位库。

4.5.5 利用现代通信、互联网和计算机等手段,搭建应急信息平台,为应急防治与管理提供信息化支撑与服务。信息资源的分类及编码,应符合上一级应急信息平台的建设的规定。

4.5.6 与地质灾害应急情景相适应性,建设配置应急调查监测专业化仪器设备和应急保障通用设备。专业化仪器设备宜布设便利、运行稳定,且自动化程度较高,并定期检验与校准。

4.5.7 应急预案执行演练应每年不少于1次。综合演练可采用桌面推演方式,专项演练宜采用实战方式。

5 一般规定

5.1 应急响应启动

5.1.1 依据灾(险)情速报信息,快速了解灾区地理经济概况、地质环境条件、先期处置进展、雨情水情震情预测预报情况,初步研判风险趋势与抢险救灾工况,评估应急情景。

5.1.2 根据灾(险)情等级,启动相应等级的应急预案。与应急情景相适应,制定专项的应急防治方案,明确人员、资料和设备等行前准备与到位时限。必要时,向应急行动组织者提出资源调配建议。

5.1.3 抵达现场后,应快速会商衔接先期处置工作进展,进行应急防治工作现场部署。

5.2 应急调查评估

5.2.1 依据应急情景与应急处置需求,会商制定应急调查评估具体方案,明确精度要求,并动态可调整。

5.2.2 应急调查内容包括灾害发生的过程、地质特征、危害情况、风险隐患,以及已有防治工程状况等(附录B、附录C)。结合应急监测,评估灾(险)情,查明发生原因,及时提出应急处置建议。

5.2.3 调查范围应以承(受)灾体为核心,包括对其已经造成危害或构成威胁的完整的斜坡单元或小流域。若现场判定存在发生次生灾害的可能,还应包括其可能涉及的范围。在同一调查地点,宜一次性完成全部地面调查内容。

5.2.4 地质灾害应急调查可参照《滑坡崩塌泥石流灾害详细调查规范》(DZ/T 0261—2014)的规定。在地面调查的基础上,宜借助无人机航测、卫星遥感、机载Lidar等手段,进行高精度的测绘与解译,编制地质灾害平面分布图、灾害地质剖面图。

5.2.5 当调查无法确认主要事实或当需要实施应急治理工程时,且现场实施条件和时间允许的情况下,应选择高效、快速的手段,参照常规勘查标准,开展针对性很强的应急勘查。

5.2.6 采用工程地质分析、简单定量计算或专家会商评估等方法,快速研判灾害体稳定性,评估灾害风险,划分危险区范围和影响区范围(附录D)。可借助数值模拟手段还原或推演灾害经过。

5.2.7 灾情调查统计应符合《地质灾害灾情统计》(DZ/T 0269—2014)的规定,准确核定因灾造成的人员伤亡。当因灾造成特大直接经济损失时,应评估其造成的间接经济损失和可能的灾后经济影响。

5.2.8 应急调查记录应完整有效。对重要灾害痕迹、物证或事实应取样、拍照或访谈主要当事人,引用数据资料必须注明其来源的合法性。

5.2.9 可按《地质灾害排查规范》(DZ/T 0284—2015)的规定,开展抢险搜救作业、进出场、临时安置和应急指挥及现场保障等场地的地质灾害应急排查,评估地质灾害危险性,提出避险防范具体措施与建议。

5.2.10 结合应急监测和应急处置进展,及时编写提交应急调查报告。在以多种形式上报的应急调查报告中,应以最终的正式报告为准,报告编写应符合附录E的规定。

5.2.11 应急调查报告的报送应符合法定程序。正式应急调查报告须经专家评审认可后,方可上报。

5.3 应急监测预警

5.3.1 与应急调查评估相结合,现场会商制定应急监测预警方案,应明确监测任务、对象、指标和方法,应明确分级的预警判据、警报信号、发布流程与响应方案。

5.3.2 依据对灾害发生、发展与影响的敏感性,确定应急监测指标。当降雨、地震、温度、河湖、地表(下)水位等自然要素不具备实测条件时,应以当地相关行政主管部门所提供的观测记录为准。

5.3.3 根据应急情景、抢险救灾部署和观测点覆盖程度,宜依托已有监测网络,设置必要的观测点(线),并减少抢险施工带来的影响。单点监测信息应丰富,并兼顾采集可行性和实施安全性。

5.3.4 应急监测宜采用简易监测与专业监测相结合的方法。专业监测仪器应选择具备自动召测、量程比大、便于核定校准等功能。在危险区域,应采用非接触式的量测手段,并设专人目视瞭望。

5.3.5 监测数据采集可按《崩塌、滑坡、泥石流监测规范》(DZ/T 0221—2006)执行,监测期限与频率宜逆向跟踪确定。遇特殊情况,监测频率应及时加密。应急监测数据应及时整理分析。数据修约应符合《数值修约规则与极限数值的表示和判定》(GB/T 8170)的规定。

5.3.6 应急监测结果应及时报送,并在每日8时、20时报送持续监测结果。正式应急监测报告内容,应包括监测方案、仪器型号、规格和标定文件、监测数据与分析结果、后续监测建议等。

5.3.7 根据灾害危险性、抢险救灾安全和临机处置的可能,会商设定预警判据、预警对象与响应措施。

5.3.8 可划分4个预警等级:蓝色预警,建议并不限于加强应急监测;黄色预警,建议但不限于加强应急监测、紧急避险动员、加快或停止机械抢险救灾作业等;橙色预警,建议但不限于加强应急监测、非应急人员撤离、停止抢险救灾作业等;红色预警,建议但并不限于加强应急监测、应急人员紧急避险撤离等。

5.4 应急避险防范

5.4.1 依据地质灾害危险性,并考虑二次或次生灾害危险性,确定避险范围,并在危险区布设警戒线,在影响区边界设立风险警示。根据应急监测结果,动态确定抢险救灾工作的紧急避险范围。

5.4.2 避险路线应避开灾害体运动的路径,尽量避开地质灾害高易发地段。在避险过程中,当穿越地质灾害易发地段时,应设置瞭望哨。在避险路径岔路口或临时安置场所的出入口,应设置明显路线指引。

5.4.3 临时安置场地地质灾害危险性评估参照《地质灾害危险性评估规范》(DZ/T 0286—2015)，并兼顾通达性、有效面积等要求。

5.5 应急治理工程

5.5.1 应急治理工程的目标是，快速降低地质灾害危险性，提高承灾能力，为后续防治赢得时机和可能。

5.5.2 应急治理工程的勘查、设计、施工、监测宜同时推进，并与后续正常治理相延续。

5.5.3 应急治理工程设计可划分为方案会商、初步设计和施工图设计3个阶段。会商认定规模小、工程地质条件清楚的，设计阶段可合并简化。

5.5.4 方案会商：由当地国土资源主管部门组织专家组，以现场应急调查监测为基础，会商论证应急治理必要性，提出可行性工程方案的建议，形成应急治理工程方案会商意见（见附录F）。

5.5.5 初步设计：根据现场会商意见，设计方通过应急治理工程方案论证和试验，确定工程方案，提出工程实现的步骤和有关工程参数，进行结构设计，编制相应的报告及图件，进行工程概算。

5.5.6 施工图设计：对初步设计确定的工程图进行细部设计，提出施工技术、施工组织、施工监测和安全措施要求，安排合理的施工程序和工程实施顺序，编制工程施工图件及说明，编制工程预算。

5.5.7 应急治理工程视为临时性工程。在保证应急时效性的前提下，可参照常规的防治工程设计标准，考虑抢险施工扰动所施加的影响，由专家会商认定合理的工程设计标准。

5.5.8 依据灾害危险性、应急工况和应急减灾效能，宜选用施工简便、安全可靠、时效性显著的治理措施与施工工艺，并通过不同措施之间的协调集成，减小工程技术风险。

5.5.9 根据施工图设计，施工方编制专项施工方案，由现场应急指挥部组织专家审查认定后，采用信息化施工。遇有工况条件重大变化、需变更工程方案时，应及时上报核定。

5.5.10 工程资源宜为常规工况的1.5倍以上，宜一次到位。若就地取材应评估物料的工程适宜性。

5.5.11 结合应急监测，开展施工安全监测和工程质量的过程控制。施工安全监测与施工周期同步。施工方应依据施工监测信息，研判工程风险，编制工程应急预案。

5.5.12 应急治理工程的验收应以最后正式上报的应急治理工程设计文件为准（见附录G）。

5.6 成因分析论证

5.6.1 根据应急调查结果，进行成因分析论证，必要时，借助测试、试验或模拟等手段，以致灾地质作用及其影响因素分析为重点，查找灾害直接原因；从技术、教育、管理等方面，查找灾害间接原因。

5.6.2 地质灾害成因调查报告，经专家会商论证，方可形成正式的成因结论。宜采用模拟动画的方式，展现灾害经过还原结果与成因结论认识。

5.6.3 人为活动引发地质灾害是否涉及生产安全，应以法定职能部门认定结果为准。

5.7 应急响应结束

5.7.1 当灾害隐患已经消除，或灾害体稳定性满足常规防治工程实施的条件，或者所造成的危害基本消除或得到有效控制时，经专家会商评估认定，可作为应急响应结束的依据。

5.7.2 在应急响应期间，当调查认定明显不属于山体崩塌、滑坡、泥石流、地面塌陷等与地质作用有关的地质灾害事件，应及时报告当地应急指挥部，结束突发地质灾害应急防治响应行动。

5.7.3 在应急响应行动结束之前,应提交正式的应急防治成果报告,并评估处置成效,依据灾害趋势,提出后续防治工作措施和恢复重建规划的建议。

5.7.4 应急响应行动结束的同时,应采取或者继续实施必要的防治措施,与后续防治工作相延续。

5.7.5 在应急响应结束以后,应尽快开展专项应急防治工作总结评估。

6 分类技术要求

6.1 滑坡灾害

6.1.1 重点查明滑体物质与结构形态、坡体变形破坏现象、滑动过程及痕迹、堆积体结构及稳定性、各类风险要素、业已存在的灾(险)情与链式灾害风险。填写应急调查表(见附录B),必要时,勘察滑体深部结构和滑面(带)特征。借助摄影测量、卫星遥感等数据,绘制比例尺大于1∶5 000滑坡灾害平面分布图、比例尺大于1∶2 000滑坡灾害地质剖面图。

6.1.2 以坡体形变、引发因素动态等指标监测为主,至少布设纵横2条监测剖面。监测点应布置在滑坡边界、起始变形滑块、阻滑段或其他关键部位。宜借助遥感、摄影测量或激光扫描等手段,监测坡体整体性形变。依据滑坡类型、变形时程曲线和宏观前兆,综合设立应急预警判据。

6.1.3 采用综合地质分析与简单定量估算相结合的方法,评价滑坡稳定性,分析滑动特征,预测危险区范围。对于规模较大或者厚层滑体,宜进行立面分层、横向分区的评价。

6.1.4 评估滑坡产生次生灾害风险。对于库岸滑坡,应研判可能的涌浪高度及其影响范围。针对入水滑体宜借助水下物探、钻探等手段,评估对航运的影响。若存在堰塞河道情景,应按《堰塞湖风险等级划分标准》(SL 450—2009)、《堰塞湖应急处置技术导则》(SL 451—2009)等的规定,预测堰塞坝体溃决风险。

6.1.5 滑坡发生后,应重点调查滑坡过程与危害结果,并按上述规定,调查评估二次或次生灾害风险。

6.1.6 滑坡形成过程可简单划分为变形、失稳、滑动、堆积等4个阶段。依据应急调查和应急监测认识,宜借助数值模拟方法,还原或预测滑坡灾害形成过程。

6.1.7 滑坡灾害直接原因分析宜包括滑体自身稳定性条件及外界引发因素。引发因素一般包括后缘加载、降雨入渗、前缘挖脚、洪水侵蚀、库水位变动、地下掏空、振(震)动、冻融等。

6.1.8 应急治理优先选择地表防渗、裂缝回填夯实、后缘减载、回填压脚、临时支挡等简易工程措施。必要时,采用预应力锚索、钢管桩、微型桩、钢板桩、集排水等工程措施。

6.2 崩塌灾害

6.2.1 重点调查坡体结构、岩体结构、裂隙分布、地表(下)水排导条件与扰动荷载等,绘制崩塌灾害平、剖面图,填写应急调查表(见附录B)。对主要岩体结构面、开裂部位进行精细量测。

6.2.2 危岩体监测指标宜以关键块体或主控裂缝的相对位移为主。对持续崩塌且规模较大的危岩体,宜采用非接触式的自动化监测与警报手段。根据崩落类型、关键块体形变和风险因素综合设定预警判据。

6.2.3 危岩体稳定性评价可采用地质类比、定量估算或数值模拟等方法,预测崩落路径、最大块径、最大崩落距离,并考虑崩落体扩散效应,确定危险区域。

6.2.4 崩塌发生后,除查明崩塌过程、母岩稳定性外,还应依据倒石堆形态分布、体积规模、物质组成、分选情况、架空结构、密实程度及堆积环境等,判读堆积稳定性及链式灾害风险。

6.2.5 崩塌灾害过程可简单划分为变形、失稳、崩落、堆积等4个阶段。依据应急调查和应急监测认识，宜借助数值模拟方法，还原或预测崩塌灾害形成过程。

6.2.6 崩塌灾害直接原因分析宜包括危岩体自身稳定性条件与外部因素的引发作用。引发崩塌因素一般包括振（震）动力、水位消落、底部开挖、顶部加载、掏空、风荷载、冻融、根劈作用等。

6.2.7 应急治理一般采取清除、镶补勾缝、底部支撑、排水等主动工程措施，或者搭设柔性防护网、临时棚洞、拦石墙或落石槽等被动保护性措施，也可采用联合措施。

6.3 泥石流灾害

6.3.1 抵达现场后，应立即与当地气象部门会商雨情及其趋势。

6.3.2 当存在降雨、冰雪融化、溃坝洪水等风险因素时，应根据经验临界阈值，研判泥石流爆发的可能。当风险预警发出后，应立即启动应急监测，实施相应等级的避险防范措施。

6.3.3 泥石流危险区域划分，可依据历史最高洪水线，也可按照《泥石流防治工程勘查规范》(DZ/T 0220—2006)中的附录E所提供的经验公式进行计算，并考虑爬高、气浪等动力因素可能带来的危险区域扩大影响。

6.3.4 泥石流应急监测网宜按流域上、中、下分段布设，左、右岸互为校验。监测断面不少于2条。降雨监测应覆盖最大落区。泥位、次声或振动等动力指标监测点，宜靠上游布设。

6.3.5 在泥石流爆发之后，应重点查明物源及组成、水的来源及其流域分段性、堆积规模、残留物源、岸坡塑造结果、沟道堵塞情况等。若推挤河道，需关注行洪影响。填写应急调查表（见附录B）。

6.3.6 泥石流物理力学参数，依据形态调查法、现场测试与当事人访谈等综合测定。

6.3.7 泥石流灾害形成过程可简单划分为形成水石耦合、形成、输运与堆积4个阶段，可依据痕迹调查结合计算方法，还原或推演灾害过程。

6.3.8 泥石流灾害直接原因分析宜包括沟谷条件和水源类型。水源类型主要有降雨、冰雪融化和溃坝洪水等。对于堵溃性泥石流，应严格界定自然地质作用和人为活动的影响。

6.3.9 应急治理应以跨越、穿过及保护性工程措施为主，当施工条件允许时，可实施排导、拦挡工程。

6.4 地面塌陷灾害

6.4.1 收集塌陷区域相关地质、地下工程、抽排水工程等资料，借助无人机航测手段，快速采集最新影像，制作最小塌陷坑图示精度不小于2 mm的区域平面分布图，进行应急调查工作部署。

6.4.2 地面塌陷应急调查采用资料收集、地面调查相结合的方法。一般调查内容包括塌陷坑（群）、地表裂缝、地表移动盆地、建（构）筑物变形、地下水及抽排情况、地表水体异常等。填写调查报告（见附录E）。根据调查资料分析，若研判属于岩溶塌陷或采空塌陷，宜借助工程物探等手段进行有针对性的调查。

6.4.3 地面塌陷区域应急监测宜借助机载遥感手段，并布设地表形变、建（构）筑物变形、地下（表）水动态等关键监测站点。对已知岩溶管道或采空巷道，应布设控制性的监测断面。

6.4.4 地面塌陷危险区范围的划定，宜以应急监测数据为依据。在有成熟经验的地区也可采用经现场核实与验证后的地表变形预测结果作为依据。采空塌陷危险区范围划定，可按《煤矿采空区岩土工程勘察规范》(GB 51044—2014)的规定。

6.4.5 在地表移动盆地边界15 m以外设置警戒线。根据塌陷坑形态、地表移动、地上地下连通情况，地振（震）动以及地下（表）水的突变，综合设定预警判据，预测塌陷坑扩展趋势，制定避险防范措施。

6.4.6 地面塌陷灾害过程一般划分为下沉、开裂、塌陷和休止 4 个阶段,宜通过持续性观测数据确定。

6.4.7 地面塌陷灾害直接原因分析宜包括地下空洞形成条件和顶板塌落的引发因素。自然引发因素主要有旱涝交替、降雨、地震等自然因素或地下水抽排、管道渗水、地表加载和地下爆破等人为因素。

6.4.8 地面塌陷应急治理宜采取填充、跨越和防渗等临时性工程处置措施,并与监测、预警措施相结合。

7 应急防治总结评估

7.1 应急防治工作总结评估

在应急响应行动结束以后,全面收集、整理应急防治过程记录、完成的实物工作量、取得的成果等情况,对照应急预案,评估应急处置成效,总结应急防治经验与教训,提出改进措施和应急准备建议。

7.2 总结评估报告编制

总结评估报告应按附录 H 的规定编写。

7.3 现场工作资料归档

7.3.1 建立应急工作档案,归档资料应包括:应急过程文件;处置会商记录;调查记录、图件、观测记录;应急调查、应急监测和应急治理等专题方案及成果报告;现场影像资料等。

7.3.2 典型地质灾害事件与应急防治实践可作为应急案例列入案例库,并明确其参考价值和适用范围。对重要事实、结论和科学问题,可专题研究予以说明。

附 录 A
（规范性附录）
突发地质灾害应急响应等级划分标准

A.1 如表A.1所示，地质灾害灾（险）情按危害程度和规模大小分为4个等级。

表 A.1 地质灾害灾（险）情分级标准

地质灾害等级	灾情		险情	
	死亡人数/人	直接经济损失/万元	受威胁人数/人	潜在经济损失/万元
小型	<3	<100	<100	<500
中型	3～10	100～500	100～500	500～5 000
大型	10～30	500～1 000	500～1 000	5000～10 000
特大型	≥30	≥1 000	≥1 000	≥10 000

注1：灾情分级——灾情采用"死亡人数"和"直接经济损失"栏指标评价；
注2：险情分级——险情采用"受威胁人数"和"潜在经济损失"栏指标评价。

A.2 根据地质灾害灾（险）情等级，应急响应等级划分为Ⅰ、Ⅱ、Ⅲ、Ⅳ 4级。
A.2.1 特大型地质灾害应急响应等级为Ⅰ级。
A.2.2 大型地质灾害应急响应等级为Ⅱ级。
A.2.3 中型地质灾害应急响应等级为Ⅲ级。
A.2.4 小型地质灾害应急响应等级为Ⅳ级。
A.3 依据国家突发地质灾害应急预案规定，制定分级响应的程序，确定相应级别的应急机构。

附 录 B
（规范性附录）
突发地质灾害应急调查简表

事件名称			行政属地	省　　县(市)　　乡　　村　　组	
发生时间	年　月　日　时　分		地理位置	东经度	°　　　'　　　"
灾害类型	□滑坡　□崩塌　□泥石流　□地面塌陷			北纬度	°　　　'　　　"
灾情险情					
预测预防预警情况					
地质环境					
灾害特征					
灾害过程					
形成原因					
趋势研判					
处置建议					
典型照片					
平面图					
剖面图					

填表人：　　　　　　　审核人：　　　　　　　填表日期：　　年　月　日

附 录 C
（资料性附录）
突发地质灾害运动特征分类表

分类分级标准			分类分级描述
滑坡	滑动速度分级（平均速度 V）	高速	$V \geq 3$ m/s，灾害破坏力大，人员无法逃生
		快速	3 m/s$>V \geq 3$ m/min，人员有一定的避险或逃生机会
		中速	3 m/min$>V \geq 3$ m/h，人员是可以避险的
		慢速	$V<3$ m/h，部分财产有一定的被挽救机会
	运动形式	推移式滑坡	来自坡体中后部的滑动力推动坡体下滑，前部具有抗滑作用，滑动面前缓后陡，一般后缘先出现拉裂下错，后期前缘坡体产生隆起开裂变形
		牵引式滑坡	坡体前部首先出现滑动变形，使中后部失去支撑而变形滑动。一般产生逐级后退变形，也成为渐进后退式滑坡
		复合	具有推移式和牵引式两种运动形式
	滑程分级（水平运动距离和垂直运动距离比值 L/H）	超远程	$L/H \geq 4$，滑动能量损耗慢，滑动距离远
		远程	$4>L/H \geq 2$，滑动能量损耗较慢，滑动距离较远
		中程	$2>L/H \geq 1$，滑动能量损耗较快，滑动距离较小
		近程	$L/H<1$，滑动能量损耗快，滑动距离小
崩塌	运动方式	倾倒式	主要受倾覆力矩作用，危岩体发生倾倒起始运动
		滑移式	有倾向临空面的结构面，滑移面主要受剪切力作用，沿滑动面发生滑移坠落
		鼓胀式	下部软岩受垂直挤压，危岩鼓胀伴有下沉、滑移、倾倒
		拉裂式	拉张、坠落
		错断式	下错、坠落
		复合	具有多种运动方式
	高度分级（崩塌或危岩顶端距离陡崖坡脚高差 H）	超高位	$H \geq 100$ m
		高位	100 m$>H \geq 50$ m
		中位	50 m$>H \geq 15$ m
		低位	$H<15$ m
泥石流	流速分级（平均流速 V）	高速	$V \geq 6$ m/s，灾害破坏力大，人员无法逃生
		快速	6 m/s$>V \geq 3$ m/s，人员有一定的避险机会
		中速	3 m/s$>V \geq 1$ m/s，人员有一定的避险或逃生机会
		慢速	$V<1$ m/s，部分财产有一定的被挽救机会
	运动流型	连续型	从开始到结束，过程连续无断流，仅有一个高峰
		阵流型	流动过程有断流、泥深、流速、流量过程线为锯齿状

附 录 D
（资料性附录）
突发地质灾害危险区范围预测依据

D.1 滑坡崩塌危险区范围预测

建议依据崩塌或滑动岩土体的体积规模、工程地质结构、临空条件和前方地形地貌，可采用雪橇模型、经验统计和数值模拟相结合的方法，预测危险区范围。

根据山体崩塌、滑坡现场情况，选择涌浪分析的适用模型与方法。最大涌浪高度和危险区范围建议采用图解法或经验公式法。必要时，可开展原型物理试验和数值计算。

D.2 泥石流危险区范围预测

可综合历史泥石流痕迹、最高行洪线及沟口地形地貌，现场判定泥石流的危险区，也可按《泥石流防治工程勘查规范》(DZ/T 0220—2006)提供的经验公式执行。

D.3 地面塌陷危险区范围预测

地表塌陷地表移动变形范围研判，推荐依据地下空间分布、盖层岩体结构和地表移动变形监测情况综合研判。根据地下洞隙类别和盖层塌陷机理，选择适宜的计算公式和方法，并应通过地表移动变形监测信息进行验证。推荐计算方法为概率积分法，应按《煤矿采空区岩土工程勘察规范》(GB 51044—2014)中的附录 H 执行。

附 录 E
（规范性附录）
突发地质灾害应急调查报告

E.1 基本规定

E.1.1 现场应急调查结束后，应及时编写提交应急调查报告。

E.1.2 报告所引用的资料文献、测试实验数据或访谈笔录应依法可信，并予以标注。

E.1.3 应急调查报告不应为专业地质调查、勘察和监测成果资料，必须按照有关规定统一发布。

E.1.4 题目一般为"省（自治区、直辖市）＋县（市、区）＋时间（×月×日）＋灾情等级＋灾害类型＋应急调查报告"。例如：四川茂县"6·24"特大滑坡灾害应急调查报告。

E.2 报告内容

E.2.1 抢险救灾工作。包括灾害发生时间、地点，已经造成的灾情、形成的险情、先期处置与抢险救灾工作情况、应急调查概况。

E.2.2 灾害基本特征。按照时间线条，梳理灾害孕育、发生与发展的全过程。突出关键节点描述。描述灾害类型、规模、区域地质环境、灾害体物质、形态和结构、危险区范围及危害机制等。

E.2.3 成灾原因分析。分别描述对灾害形成与发展有影响的地形地貌、地质条件、岩土体及其结构、水文等自然环境或人为活动因素，根据各因素与灾害的时间、空间和强度相关性，区分直接引发因素和加剧或减缓危害的因素，并针对技术、教育、管理等因素，分析对灾害形成的间接影响。

E.2.4 已采取的处置对策、措施及发展趋势预测。记录灾害发生前、后所采取的监测预警、避险防范与应急治理等防治措施，评估其处置效果；描述灾害体稳定性、扩展稳定性和堆积体稳定性，以及可能发生的次生灾害或衍生灾害风险。

E.2.5 后续防治建议。根据风险趋势，提出下一步应急防治和后续防治措施建议。

E.3 附件

E.3.1 应附地质灾害及其影响范围平面分布图（或影像）、典型剖面图、应急调查表、应急监测关键时程曲线、专项勘察测试报告、访谈笔录、引用文献等。

E.3.2 影像和照片应有参考物件或明示尺寸、比例，并注明或另有标志说明拍摄地点。照片应注明镜头朝向、拍摄时间；卫星影像应说明采集日期和精度。

附 录 F
（规范性附录）
突发地质灾害应急治理工程方案会商意见提纲

F.1 地质灾害概况

灾情险情概况、被保护对象，应急响应及处置进展。

F.2 工程地质条件

地质灾害应急调查与监测结论性认识、应急工况、工程地质条件、水文地质条件等。

F.3 工程处置目标

针对抢险救灾部署和应急处置总体目标，会商确定应急治理工程目标。

F.4 应急治理方案建议

工程治理方案、主体工程部署、工程标准、工程措施建议、工程布置草图等。

F.5 施工技术方案建议

施工技术方案、施工资源准备、施工周期及进度安排等。

F.6 工程概算

工程概算总额，并附概算简表。

F.7 其他

专家组组长签字、专家组成员签字、会商日期、附图附表等。

附 录 G
（规范性附录）
突发地质灾害应急治理工程设计文件

G.1 工程方案会商意见

（见附录F）

G.2 初步设计内容

G.2.1 设计说明书

概述、应急治理会商意见、地理地质环境、灾害形成条件、基本特征与演化趋势、工程目标、工程技术方案、工程投资概算、工程监测与施工组织建议、预期工程实施效果等。

G.2.2 设计图

工程布置总平面图、工程纵剖面图、代表性横断面图、主体工程的结构设计图、施工组织平面图。

G.2.3 投资估算书（另册装订）

G.3 施工设计内容

G.3.1 设计说明书

概述、初步设计情况、地理地质环境、工况条件、灾害形成条件、基本特征与演化趋势、治理工程设计、工程投资预算、施工安全防护设计、工程监测设计、施工组织设计、工程实施效果评价。

G.3.2 设计图

工程布置总平面图、分项工程布置平面图、工程纵剖面图、代表性横断面图、主体工程结构设计图与细部构造大样图、特殊工程与辅助工程设计图、施工组织设计平面布置图、监测设计平面布置图。

G.3.3 计算书（另册装订）

计算依据的规范或标准和地质参数、工程设计参数、工程稳定性与结构验算。

G.3.4 预算书（另册装订）

G.4 施工设计变更

G.4.1 设计变更说明书
G.4.2 变更后设计图
G.4.3 计算书（另册装订）
G.4.4 变更后的预算书（另册装订）

附 录 H
(规范性附录)
地质灾害应急防治总结评估报告提纲

H.1 前言

灾害发生时间、地点、类型、危害简况;应急防治工作述评;应急防治工作量统计。

H.2 地质灾害特征

区域地质环境条件、地质灾害与形成发展过程、承灾体及其脆弱性、危害机制与危害后果。

H.3 预测、预警、预防评估

事前预防、灾(险)情发现、预警、避险防范与先期处置等措施有效性和科学性,取得成果与资料。

H.4 应急防治评估

应急调查、评估、监测、预警、响应、避险与治理等措施的有效性和科学性,所取得成果与资料。

H.5 结论与建议

应急防治经验与教训,提出应急准备优化建议,以及值得探讨的应急防治问题及启示等。

H.6 附图附表

附 录 I
(规范性附录)
本标准用词说明

为便于在执行本标准时区别对待,对要求严格程度不同的用词说明如下:
(1) 表示很严格,非这样做不可的:
   正面词采用"必须";
   反面词采用"严禁"。
(2) 表示严格,在正常情况下均应这样做的:
   正面词采用"应";
   反面词采用"不应"或"不得"。
(3) 表示允许稍有选择,在条件许可时首先应这样做的:
   正面词采用"宜"或"可";
   反面词采用"不宜"。
条文中指定应按其他有关标准、规范执行时,写法为"应符合……的规定",或"应按……执行"。